30⁺

熟龄化妆术

[日] 横山惠子 著

牛莹莹 译

世界图书出版公司

上海·西安·北京·广州

图书在版编目（CIP）数据

30⁺熟龄化妆术 /（日）横山惠子著；牛莹莹译. —
上海：上海世界图书出版公司，2016.7

ISBN 978-7-5192-0720-5

Ⅰ.①3… Ⅱ.①横…②牛… Ⅲ.①女性—化妆—基本知
识 Ⅳ.①TS974.1

中国版本图书馆CIP数据核字（2016）第025736号

©Keiko Yokoyama 2011
Edited by MEDIA FACTORY
First published in Japan in 2011 by KADOKAWA CORPORATION.
Simplified Chinese Character translation rights reserved by
World Publishing Shanghai Corporation Ltd.
Under the license from KADOKAWA CORPORATION，Tokyo
Through Beijing GW Culture Communications Co.,Ltd

责任编辑：孙雯蓉
封面设计：孙炎灵

30⁺熟龄化妆术

[日] 横山惠子 著　　牛莹莹 译

上海世界图书出版公司出版发行
上海市广中路88号
邮政编码 200083
上海新艺印刷有限公司印刷
如发现印装质量问题，请与印刷厂联系
（质检科电话：021-56683130）
各地新华书店经销

开本：890×1240　1/32　印张：3.5　字数：70 000
2016年7月第1版　2016年7月第1次印刷
印数：1-5000
ISBN 978-7-5192-0720-5 / T·219
定价：32.80元
图字：09-2015-887号
http://www. wpcsh.com
http://www. wpcsh.com.cn

前　言

只要掌握适合自己年龄的化妆术，就能比 22 岁的时候更美丽！

我从事化妆工作已经快 30 年了。在此期间，我接触了众多女性的脸，这令我多次体会到："每个人在脸部骨骼和肌肉上的差异原来这么大啊！"

1 万名女性就有 1 万种脸部骨骼和肌肉。尽管如此，每个人却都化着相同的妆容，这怎么可能变漂亮呢……从这点发现出发，我开始研究针对不同的脸部骨骼和肌肉的骨肌化妆术。

在沙龙教授骨肌化妆术的过程中，我注意到，有好多人即使化着精致的妆容，用的却是 22 岁时学到的手法。脸部骨骼和肌肉会随着年龄的变化而变化，与此同时，脸型也会随之发生改变。因此，采用适合 33～55 岁女性的化妆技巧才能一直保持青春美丽。

很多女性即使认真地化了妆，却总觉得哪里不对劲。我认为，这是由于她们一直拘泥于惯用的 22 岁时学到的化妆技巧，并且没有意识到自己脸部发生的变化所造成的。

本书希望能够帮助大家解决关于化妆的一些迷惑，同时能让大家学到变得比实际年龄更年轻、更漂亮的化妆技巧。

通过这些化妆技巧，不仅能够随时保持美丽，还能随着年龄增长变得越来越有趣哦。

请读者们务必活用本书，付诸实践，好好享受每一天哦。

横山惠子

原有妆容 VS 重新学习后的妆容

你是否还化着与 22 岁时一样的妆容？

CASE 1

37 岁

原有
妆容

为了消除肌肤暗沉而选择的偏白色粉底，反
而凸显了雀斑

问题出在这里

鼻子和脸颊周围因为有雀斑所以显得暗沉，
为此选择了偏白色的粉底，但雀斑反而更加
明显了。另外，因为追求自然妆效而没有使
用腮红，导致形成了没有立体感的大饼脸。

重新学
习后的
妆容

选用接近雀斑颜色的深色粉底，反而增
加了透明感

同时刷上腮红，打造脸部立体感！

要 点

通过涂抹接近雀斑颜色的深色粉底，不仅
可以遮盖雀斑，还能消除整体肤色的暗沉。
另外，可以避免皮肤泛白，增加透明感。
同时画上下眼线并刷上腮红，能让五官显
得自然而立体。

CASE 2

39 岁

原有
妆容

腮红、眼影……妆化得太淡，反而显老

问题出在这里

腮红、眼影等虽然每样都上了，但全都化得太淡。这样会使妆面缺乏立体感，脸部拉长，显得更老气。

腮红和眼影上得比 22 岁时清晰，就能
显得年轻

脸部线条也随之变得清晰！

要点

通过加深眼尾的眼线，刷上腮红，打造出
脸部的立体感。脸部线条的松弛被掩盖，
眼睛下方看起来也会更饱满紧实，比化淡
妆更显年轻。

42 岁

法令纹和肤色暗沉，并没能通过化妆得以
掩盖

问题出在这里

由于使用了妆前乳和粉底功效二合一的粉
底，肌肤的暗沉和法令纹没得到遮盖。
先用妆前乳来修正脸颊泛红等全脸肤色不
均的问题吧。

使用饰底乳来调整肤色，可以消除暗沉

眉毛也修齐了！

要点

在肤色泛红和斑点明显的部位使用偏亮的
黄色饰底乳，在法令纹上使用遮瑕产品。
给阴影部分打上光后，肤色得以调整，透
明感肌肤得以实现。

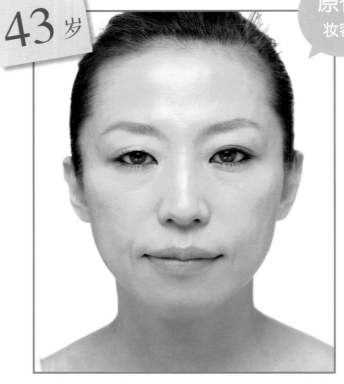

22 岁时画的包围式眼线，40 岁时再用会起
反作用！

问题出在这里

将眼睛整只包住的少女风眼妆会突出大小
眼、松弛的眼袋和黑眼圈等问题。太阳穴
处的阴影也是整张脸看上去松弛的原因
之一。

重新学习后的妆容

过了 33 岁以后，自然风的眼妆才能让眼睛看起来更大

表情看上去也柔和了！

要点

用饰底乳将松弛的眼袋、太阳穴处的阴影遮盖住，提亮整体肤色。用眼线填满睫毛间的缝隙，用高光将光线集中在脸部中央，创造出富有弹性和光泽的肌肤。

目 录

第3章 33 岁开始需要掌握的**美妆基本功**

第 1 章

33 岁开始需要了解的
美妆常识

你是否还化着与 22 岁时一样的妆容？

22 岁和 33 岁在皮肤、骨骼和肌肉方面是存在差别的。

我们先从解决错误的认知开始吧。

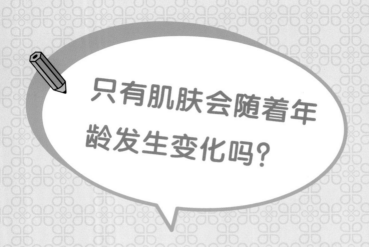

只有肌肤会随着年龄发生变化吗?

不！骨骼和肌肉也一直在变化。

看着镜子里的自己,觉得"跟 22 岁时的自己完全没差嘛!"的人几乎没有吧。大多数女性过了 33 岁之后,都会有意无意地开始注意到自己肌肤上的细纹和暗沉,并开始在化妆上下工夫。

但是且慢! 发生变化的难道只有皮肤吗? 并不是这样的。骨骼和肌肉随着年龄的增长也会持续发生变化。皱纹和松弛等是骨骼和肌肉的变化在肌肤上的反映,即使这么说也不为过。

对食物的偏好、咀嚼和表情等习惯经过几十年的积累,都会给你的脸部带来变化。而这些变化就是从 33 岁左右开始明显地在肌肤表面上反映出来的。

化着和 22 岁时一样的妆容,或者模仿杂志上刊登的面向 22 岁年轻读者的妆容,这些妆容是适合 22 岁年轻人的骨骼和肌肉的,对 33 岁以后的女性来说,反而会显得不协调。正因如此,在了解 33~55 岁时肌肤会出现的变化的基础上,再学习让人变美的化妆技巧很有必要。

首先,了解自己骨骼和肌肉的变化。在此基础上,再开始重新学习美妆技巧。只要掌握简单的规律,就能变得比 22 岁时更漂亮哦!

22 岁和 33 岁以后的骨肌，

22 岁的骨肌

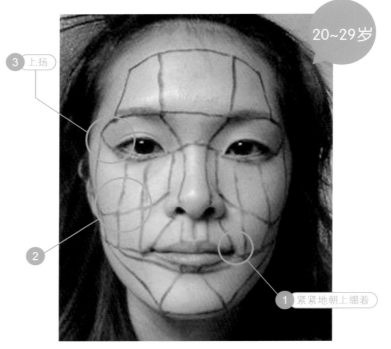

3 上扬

20~29岁

2

1 紧紧地朝上绷着

紧绷的垂直线条是年轻的证明

脸部描绘的线条是沿着骨骼和肌肉画出来的"骨肌线"。只要看这些线条，年龄增长给骨骼和肌肉带来的变化一目了然。我们来观察和比较一下 22 岁和 33 岁以后的线条有哪些不同吧。

1 22 岁时的嘴角线是紧紧地朝上绷着的。

2 脸颊的线条也充满张力。

3 连接外眼角和太阳穴的线条也没有下垂。

竟然有那么大的差别！

33 岁以后的骨肌

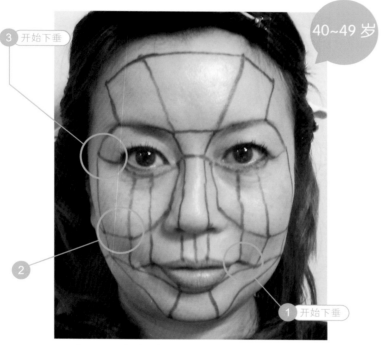

40~49 岁

③ 开始下垂

②

① 开始下垂

所有的线条都有下垂的趋势……骨肌逐渐发生变化

骨肌的变化通过肌肤表面的皱纹和松弛表现出来，还会在脸部形成阴影。通过化妆给这些阴影部位打上光，是 33 岁开始重新学习化妆中的技巧之一！

① 33 岁以后嘴巴周围的肌肉开始持续老化，嘴角线随之下垂。

② 随着脸颊肌肉开始萎缩，靠近脸部线条边缘的颧骨下方的线条开始向内收缩。

③ 外眼角到太阳穴的线条特别明显地开始下垂。

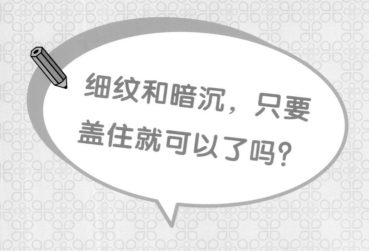

细纹和暗沉，只要盖住就可以了吗？

不！用魔法高光给"阴影处带去光线"吧！

细纹和暗沉本身并不是脸部老化的主要原因。那么究竟是什么让脸部莫名地显出老化的特征呢？这主要是皱纹形成的阴影造成的。

人眼是通过阴影的存在与否来判断有无皱纹的。我们先来做个试验，先将光从脸部正前方打过来和从头顶上打下来，再比较一下这两种情况下脸部看上去有什么不同。光从正面打过来时，脸上的阴影消失殆尽，看起来很年轻。光从头顶上打下来时，产生了明显的阴影，看上去就显老。女演员拍照时使用刺眼的强光，就是基于这个原因。

能够起到女演员们爱用的照明一样作用的东西，就是给阴影打上光，使其变明亮的技巧。只要有常用的几样化妆品，如饰底乳、腮红、高光和眼影等，就能轻而易举进行操作。

但这是在了解自己脸部的骨骼和肌肉在哪里发生了变化，哪里产生了阴影的前提下才能起作用的技巧。因此首先请仔细观察自己的脸部，确认一下阴影部位在哪里吧。

找到了阴影部位，第 1 章也快接近尾声了。从第 2 章开始要学习的是美妆技巧，期待脸部将会出现的戏剧性变化吧！

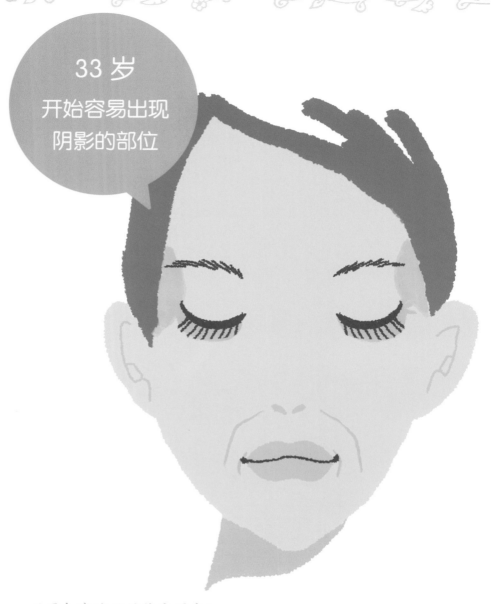

33 岁
开始容易出现
阴影的部位

只要打亮这里就能变漂亮！

太阳穴、外眼角、法令纹和嘴角，这几个部位最容易看出年龄增长带来的变化。这些部位一旦产生阴影，会一下子显得很老气，所以用高光产品来打亮它们吧。

来描绘一下你的脸部阴影吧

试着在自然光下仔细检查镜子里的自己。
你脸上的阴影部位都有哪些呢？即使出现
了阴影部位也不必情绪低落，只要打亮这
些部位就能够创造出没有暗沉的透亮肌肤。

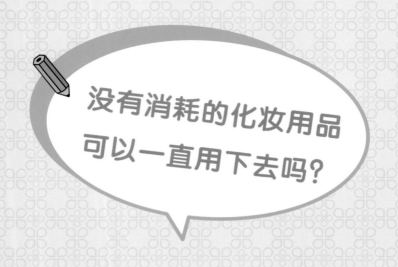

没有消耗的化妆用品
可以一直用下去吗？

33 岁以后的化妆用品变得
很重要！制作精良的工具
可以创造出美好的表情。

请33~55 岁的女性展示一下她们的化妆用品时，居然发现有些人还在用好多年前买的旧眼影、旧腮红和旧刷子。

殊不知过了 33 岁，肌肤开始显现出由于骨骼和肌肉变化而导致的细纹、暗沉、肤色泛红和斑点等各种问题……因此，之前一直使用的颜色不知不觉中也开始不合适了。

我一直觉得存在着可以展现出 33~55 岁女性魅力的颜色。例如，只要换成和你现在肤色能够融合的眼影，眼周的暗沉就会消失殆尽，表情也随之生动起来。

刷子等美妆工具也是如此。年轻时因为肌肤充满弹性，即使用偏硬的刷子也能上腮红和散粉。但到了肌肤的松弛开始令人担忧的 33 岁时，还使用偏硬的刷子的话，肌肤的凹凸和毛孔都会卡住刷子，导致上色不均。

相反，如果使用质量上乘的软毛刷子，就能够顺着肌肤的线条柔和地移动，妆效如同给肌肤轻轻罩上了面纱一般美丽。

适合自己年龄的化妆用品是诱发出美丽表情的必需品。请领会这一点，然后重新审视一下化妆包里的东西吧。

请展示一下日常用的化妆包！

亮粉色腮红在沉稳的大地色系彩妆中鹤立鸡群

眼影和眉粉是统一的大地色，不知什么原因腮红却选择了艳丽的颜色……即使想展现可爱的一面，但只凸显腮红会适得其反。另外，她的情况是使用的化妆品种类繁多，但每个部位的妆容都化得太淡，实在是有点浪费啊。

加上腮红来打造立体感吧

虽然本人强调自己气色好不需要腮红，但好气色却被遮盖雀斑的遮瑕膏掩盖了。唇彩的颜色也过于明亮。在肌肤的色斑没有遮盖干净的情况下使用过于明快的颜色，会使唇色显脏哦。

把极粗型酷黑的眼线笔换成细型眼线笔吧

使用极粗型的眼线笔画出包围式眼线的风格，造成眼妆和其他部位的妆容格格不入，失去平衡。使用能够填埋睫毛间空隙的细型眼线笔，则可以使整体妆效达到平衡。

33岁开始使用的优质美妆工具

借助工具的力量提高美妆水平

散粉刷

成为好刷子的条件之一是使用柔软的、刷毛头部未经裁剪的动物毛发。这一点对于任何种类的刷子都是通用的。加拿大松鼠毛、灰松鼠毛制作的刷子价格多少有点儿贵，但完成的妆效绝对是遥遥领先的！

挑选要领

刷毛头部不能有剪切痕迹

刷毛头部如果被剪切过的话，不仅会刺激到皮肤，还无法将粉送达毛孔深处，从而导致妆效不服帖。选择刷毛头部由粗逐渐变细的刷子吧。

腮红刷

最能体现刷子品质的就是腮红刷了。越是柔软、质量上乘的腮红刷，越能消除毛孔的凹凸，将粉轻柔地覆盖到脸上。

眼影刷（小号和中号）

眼周肌肤是脸部肌肤中最敏感的部分，所以要尽量选择柔软的刷毛。人造毛、马毛和山羊毛的毛质偏硬，会对肌肤造成刺激，请尽量避免使用。化妆时准备小号和中号两种尺寸会比较方便。

修眉剪

可以修剪到每一根眉毛，拥有它后非常方便。修剪时，无论是左眉还是右眉，沿着同一个方向剪效果比较好。

眉梳和眉刷

眉刷可以用来调整眉毛的方向，带走残留在眉毛中间的粉底。眉梳在修剪过长的眉毛和整理眉形的时候使用。

棉签

棉签不仅可以用来晕染眼影，清除眼睛周围和鼻翼的余粉也很方便。细小柔软的棉签头不会刺激肌肤，容易操作。

有了好工具之后，
对工具的保养也很重要！

　　粉扑上是否蘸满了黏土般的粉底？化妆刷的刷头已经变了颜色？哪怕备齐了所有好的工具，这么使用的话真是暴殄天物，无法发挥出好工具的作用。请每周清洗海绵和粉扑一次，每月清洗刷具一次。

　　给海绵和粉扑打上肥皂，然后揉搓清洁，用水清洗干净后，放在通风处晾干。动物毛制作的刷子的清洁方式和头发相同。我自己是在洗头发时用洗发水揉搓出来的泡沫清洗刷子的。这种方法可以做到勤加保养，怕麻烦的人请一定要尝试一下。

刷具的清洁方法

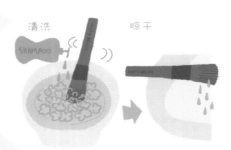

清洗　　　晾干

1. 在稀释过的洗发水里轻柔地揉搓刷毛。
2. 用水冲洗干净后，在脸盆里滴入 4~5 滴护发素，将刷子在护发素里转动着清洗。
3. 再次用水冲洗干净后，用毛巾等吸干水分，整理刷毛。
4. 将刷毛头部朝下放置在洗脸池的边缘，直到刷毛干透为止。

第2章

带来**戏剧性变化**的
三大要点

改变这里就会迅速见效!

希望大家一定要掌握的是腮红、高光和下眼睑眼影这三大要点。

只要在日常妆容上加上这3点,就能瞬间改变脸部形象哦!

用流线型腮红提拉脸部线条

沿着腮红打造的"上升线条",两颊被有力提升。我们一起来掌握可以让眼睛产生错觉的魔法腮红法吧。

22岁时
的妆容

基本画法,在颧骨正上方刷上
圆形腮红

22岁时刷上可爱的圆形腮红,可以使脸看上去绯红。但是33岁以后太阳穴部位开始变得不那么饱满,如果还是用圆形腮红的话,会凸显出凹陷的太阳穴,使整张脸看上去变长,脸颊也跟着往下掉。

重新学习 后的妆容

通过朝太阳穴方向刷上腮红来提拉脸部线条

最关键的是，从颧骨上方朝着太阳穴方向刷上腮红时，腮红的宽度要逐渐变窄。这是创造出提拉脸部"上升线条"的关键技巧。

腮红
画法

从脸颊中央往太阳穴方向大胆地
挥动腮红刷吧

1

将刷子放在微笑时脸颊的最
高点上

将刷子蘸满腮红，然后在纸巾上抖掉一些粉。
对着镜子微笑，找到微笑时脸颊的最高点，
以此作为起点，从起点开始横向挥动刷子。

使用的工具

腮红刷

对 33 岁以后的肌肤来说，刷子比
粉扑更能画出好看的腮红。刷毛里
的油脂还能给肌肤带来光泽感。

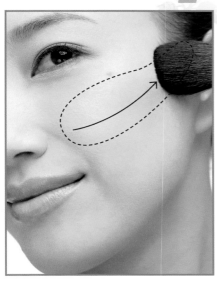

朝着太阳穴方向

朝着太阳穴方向，描绘出"上升线条"。这个时候的要点是，离耳朵越近，腮红的范围就要越窄，这样脸部线条才能被提拉紧致。

完成！肌肤松弛不见了

从脸颊到耳朵上方，如火焰般逐渐变窄的流线型腮红完成了。视线沿着腮红一直往上，脸颊的松弛变得不再明显。

重新学习化妆，这点很重要

对于33岁以后使用的腮红，鲑鱼粉色绝对不会出错！

为了让肤色变亮而使用亮色腮红反而会使肌肤显得暗沉。推荐使用易于和肌肤相融合的鲑鱼粉、珊瑚粉和橙色系的腮红。

用包住眼睛外围的**大C形高光**给阴影处打上光，**瞬间年轻5岁**

打高光前,让我们先照下镜子吧。有没有看到凹进去或者形成阴影的部位？这些部位就是要打高光的位置。

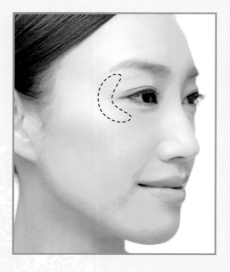

22岁时的妆容

22 岁的基本画法是包住外眼角的小 C 形

沿着眉毛下方的线条画到外眼角的下方,这是小 C 形的高光打法。对于眼皮开始松弛的 33 岁以后的女性来说,在这里打上高光反而会凸显眼睛的凹陷和暗沉。

重新学习 后的妆容

把凹下去的太阳穴部位和眼睛
下方部位圈起来，打造朝气蓬
勃的眼睛

打高光的部位应该从太阳穴的上方一直延续
到松弛明显的眼睛下方。通过消除阴影来打
亮该区域，可以提升肌肤的弹力感和透明感。

从太阳穴往眼睛下方轻轻一扫拉出线条

1

使用的工具

高光刷
要打造出轻柔美丽的高光，请选择
刷毛品质优良的工具吧。比起尼龙
制品我更推荐使用动物毛制作的，
刷毛头部最好没有被剪切过的刷具。

起点是太阳穴

肌肉老化的太阳穴会凹陷进去，导致上半脸
呈菱形，凸显脸部线条的松弛。在太阳穴和
外眼角打上高光，打亮阴影部位吧。

高光
选择一款带有优雅
光泽的高光吧。

2

大胆地从眼头扫到眼尾

眼睛下方也是容易出现松弛和皱纹的地方。将刷子放置在眼头下方，然后迅速地朝眼尾扫去，注意不要扫到颧骨的最高处。光效会提升肌肤的弹力感和透明感。

轻松打造立体感

用高光轻扫眉间到鼻梁区域，接着在眉间和两只眼珠之间画圆，最后朝着发际线方向纵向晕开。脸部中央变高变立体，鼻梁变得又高又挺。

重新学习化妆，这点很重要

让我们抛弃高光＝白色这一认知吧

高光就是用珍珠白颜色制造出白色高光，这种默认已经过时了。珍珠白会使肌肤变灰，所以让我们赶紧换成黄色系的高光吧。

下眼睑化妆术提拉眼部下方，
立现紧致小脸

下眼睑的化妆容易被敷衍了事。其实这里才能让脸部紧致，让外表变年轻，拥有神奇力量的关键。

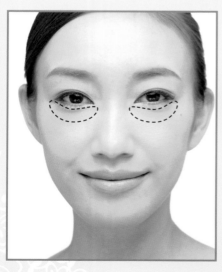

22岁时
的妆容

为遮盖黑眼圈而乱抹一气的眼妆

22岁时总想着先把眼睛下方弄亮了再说，于是用珠光眼影涂抹该区域。对于33岁以后的女性来说，大地色系的眼影更加合适。

重新学习 后的妆容

通过给下睫毛区域画上眼影，
将隆起的卧蚕呈现出来

给下睫毛所在区域涂上明亮的大地色系眼影，
可以将隆起的卧蚕呈现出来。眼睛下方的松
弛、暗沉和皱纹因此变得不明显。

从黑眼珠下方开始，**左右移动**晕开眼影

眼影刷

眼周是脸部肌肤最敏感的部位。为了不刺激皮肤，我们尽量选择柔软的动物毛发所制作的、刷毛头部没有被剪切过的眼影刷吧。

眼影

如果在下眼睑使用黑色或者茶色的眼影，会形成包围式眼影，反而带来反效果。为了将下眼睑和皱纹、松弛融为一体，要使用颜色明亮的眼影。

1

确认下眼睑的位置

从下睫毛根部稍稍往外的地方，有一条淡淡的线条，到这里为止就是你的下眼睑。首先将蘸上眼影的刷子放在眼尾的下方。

从眼尾画向眼头

在下眼睑的范围内，将眼影从眼尾画到眼头。眼尾会随着年龄增长而凹陷，从眼尾开始画，可以用深一点的颜色加以遮盖。

两眼分得比较开的人从眼头开始画

两眼分得比较开的人，还是从眼头开始往眼尾画眼影吧。这是因为眼头的颜色深一点的话，五官看上去会靠近脸部中央一些。想要脸部看上去更紧致的人也可以从眼头开始画。

美妆，改变的不仅是容貌，还有人生

客人们因为各种各样的理由来我们的美容沙龙。有想要把妆化得更好的，也有想要漂亮地出席同学会和希望成功相亲的等等。无论出于什么目的，读者们，改变妆容甚至可以使表情变开朗哦。

化妆是把容貌最大限度漂亮地展示出来的工具，但实际上它的作用并不仅限于此。在镜子里看到化妆后发生变化的自己时，谁都会变得自信起来。正是这份自信，使我们的表情变得开朗，甚至将内在美都激发了出来。

于是，沙龙总能收到"我要结婚啦！""我找到工作啦！"这样的喜报。

在指导大家化妆的过程中，我常常体会到："美妆改变的不仅是容貌，还有人生。它是能给人生带来光明的魔法工具。"

第 3 章

33 岁开始需要掌握的

美妆基本功

腮红、高光、下眼睑眼影的技巧都掌握好了吗?

本章节将仔细讲解 33 岁开始需要掌握的美妆基本知识。

让上述的美妆三大要点更加突出,展现拥有成熟魅力的容颜吧。

底妆

用饰底乳和深色粉底打造熟龄陶瓷肌

底妆方面与 22 岁时相比想要改变两点，第一是在妆前乳之后使用饰底乳，第二是选择深两个色号的粉底。

到了 33 岁，脸颊泛红、眼周肌肤暗沉等问题开始出现，和 22 岁时相比肤色不均的现象开始明显。

能够将肤色不均修饰完美的就是饰底乳了。在此基础上，上的粉底和腮红才会显得干净漂亮。

此外，深两个色号的粉底是隐藏色斑不可缺少的法宝。因为比肤色深两个色号的粉底跟色斑和暗沉的颜色接近，所以可以使其融为一体，完全看不出来。

最后扫上散粉，使脖子和脸部肤色融为一体，完成自然的妆效。

只要掌握了这一技巧，即使涂抹比平时颜色深的粉底，也能创造出没有色斑和暗沉的通透肌肤，而无须借助遮瑕产品或者遮盖力高的粉底。

对于忙碌的 33~55 岁年龄层的女性来说，这是我最希望你们用起来的技巧。

饰底乳颜色对比

推荐33岁开始使用左起的3种颜色

◎ 淡粉色

它能给肌肤带来微微的红色，打造出好气色。还有遮盖毛孔、修饰阴影的效果，是给力的颜色。

◎ 柠檬黄

柠檬黄是与东方人肌肤最相融的颜色。它能自然消除肌肤泛红和暗沉，均匀肤色。也推荐给在意痘痕的人使用。

◎ 橙色

在意色斑和雀斑的人可以选择橙色。它能消除肤色不均，同时遮盖色斑和雀斑，打造健康美丽的肌肤。

△ 白色或者蓝色

33~55岁的人使用白色饰底乳的话，会使肌肤看上去惨白没精神。泛白的效果也会导致看上去像化了浓妆一样。但如果肌肤像欧美人一样白皙的话，却很适合这种颜色。

粉底颜色对比

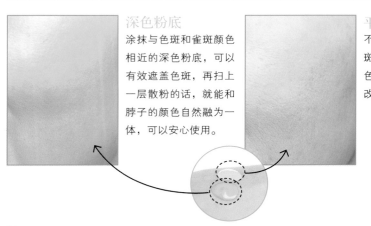

深色粉底

涂抹与色斑和雀斑颜色相近的深色粉底，可以有效遮盖色斑，再扫上一层散粉的话，就能和脖子的颜色自然融为一体，可以安心使用。

平时用的粉底

不太能遮盖住色斑，整体浮粉，肤色不均也没有得到改善。

用到的东西
Item

深色粉底液

33 岁开始要选择比平时深两个色号的粉底，这样出来的效果最好。推荐购买国外品牌，因为它们的深色粉底色号比较齐全。

橙色

粉色

柠檬黄

饰底乳

在意色斑或者雀斑的人选择橙色，在意毛孔或者脸色差的人选择粉色，在意泛红的痘痕或者暗沉的人选择柠檬黄。

散粉刷

用蘸满散粉的刷子轻轻一扫，立马打造出光滑的陶瓷肌。

散粉

即使是无色透明的散粉实际上也有点儿泛白，因此即便使用了比平时深的粉底，扫上散粉后，就能呈现出自然的妆容。

深色粉底+散粉，创造熟龄美白肌

1

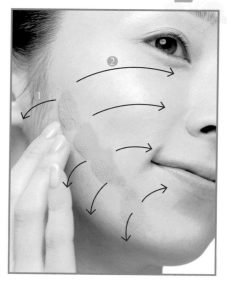

2

用手指把饰底乳拍打开，而不能用来涂抹

一口气抹开深色粉底

将饰底乳倒在手掌里，抹到右脸上，然后以惯用手的中指和无名指指腹，将饰底乳均匀地拍打在除额头以外的右半边脸上。注意不要拍打过度，否则会跟没上过一样。对左半脸和额头也进行同样的操作。

在下巴到耳朵的连线上，点上粉底。❶ 朝着脸的外侧涂抹开粉底。❷ 接下来将剩余粉底朝着脸的内侧轻拍涂抹。额头上也点上少量的粉底，朝着发际线方向涂抹开来。

竟然涂抹和色斑一样深的粉底！看到完成的妆容后，
就能立即打消这样的疑问。

3

用刷子将散粉送入毛孔深处

将散粉倒在容器的盖子上，将刷子蘸满粉后
从脸颊开始扫散粉。用从下往上扫的方式将
散粉送入毛孔深处，轻柔地移动刷子来保护
散粉颗粒。

底妆
完成！

4

从额头中央向左右扫上散粉

再次将刷子蘸满散粉，放置在额头中央，轻
柔地从中央开始往左、往右以及在额头中央
扫上散粉。

让刷子蘸满散粉　　　　充分摇匀散粉

眼妆

三色眼影打造眼妆，
眼睛瞬间魅力四射

33 岁开始眼睛出现各种令人担忧的问题，比如眼角下垂、上眼皮凹陷、睫毛变细、双眼无神等等。

为了让失去魅力的双眼明亮起来，许多女性采用眼窝打高光，眼睛边缘上深色眼影的两色眼影法。但只使用2种颜色的话，明暗两部分相差太明显，反而使眼皮看上去又肿又垂。

因此我给有眼部烦恼的人推荐使用高光色、中间色和阴影色的三色眼影法。用好该方法最关键的一点是要将这3种颜色恰当地从睫毛根部扫到整个眼窝。眼影颜色朝着眼窝上方逐渐变淡，这样创造出的漂亮层次感不仅能解决上眼皮凹陷问题，还能使眼睛变大变有神。

随着眼睛占据的脸部面积变大，脸部剩余部分看上去就变小，还能产生这样的瘦脸功效。

此外，对于眼影来说光泽感比颜色更重要。选择有光泽感的珠光色眼影，在光线照射下闪耀动人，打造出成熟女性的美丽双眸。

加粗阴影色，三色眼影层次分明，上眼皮看上去充满弹性

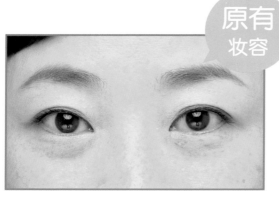

原有
妆容

看不到阴影色，眼皮上只有 2 种色调

眼皮过了 33 岁就开始下垂，如果还和之前一样将阴影色画在眼睛边缘的话，容易使阴影色隐藏在双眼皮里面看不见。这样即使使用了阴影、中间和高光 3 种颜色，看上去也只有两种颜色，眼妆显得单薄。

重新学
习后的
妆容

加粗阴影色，通过 3 种颜色打造的层次感眼妆使眼神显得干净利落

从睫毛根部开始将阴影色画粗一点，使眼睛睁开时也能看到，在眼皮上打造出 3 种颜色的层次感。这样一来双眼变得立体，松弛得以提拉，眼睛也因此变得明亮。

高光色

高光色可以提亮整个上眼皮，给接下来要上的颜色打底。粉色系和金色系与肌肤融合度比较高。

中间色

中间色用来涂满整个眼窝，颜色比高光深一号。通过制造层次，打造出立体感的双眼。

阴影色

画在睫毛根部收紧眼睛的收缩色就是阴影色。推荐深褐色或者卡其色。

高光
+
中间色
+
阴影色

推荐这样的组合

小号和中号的眼影刷

高光色用中号，中间色和阴影色用小号的眼影刷。眼周肌肤既薄又敏感，最好使用动物毛制作的柔软刷子。

眼线笔

不擅长画眼线的人请试试笔芯柔软的眼线笔吧。即使失败了也能用棉签轻松抹掉，所以大胆地尝试一下吧！

贴合眼部弧度的睫毛夹

眼部的弧度因人而异。想要快速将睫毛夹得翘翘的，就选择贴合眼部弧度的睫毛夹吧。多试几款，找出最适合自己的款式。

棉签

睫毛膏不小心沾到眼皮上时，记得用棉签来擦。用手指擦的话反而会使污渍扩大。要选择有柔软头部的棉签。

眼妆画法

1

将高光色放置在上眼皮中央

用中号眼影刷蘸取高光色，放置在上眼皮中心位置。眼睛浮肿的人和眉毛下方的骨头——眉骨突出的人，蘸取的量要稍微少一点。

2

晕染整个眼皮

以眼皮中央为起点，朝着眼头和眼尾左右移动刷子，从睫毛根部一直到眉毛下方，沿着眼部弧度晕染高光色眼影。以中央为起点是为了打亮眼皮中心部位，营造立体感。

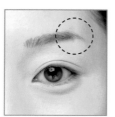

眉骨在这里

高光色

运用3种颜色打造的层次，创造出全方位有冲击力的眼妆。
任何人都能轻松打造出这种魅惑双眼。

3

集中光线，一扫暗沉

通过高光色将光线集中到眼皮中央的技巧，看明白了吗？碍眼的暗沉也一扫而光，肤色得以调整，使后面即将要上的中间色和阴影色能够真实显色。

4

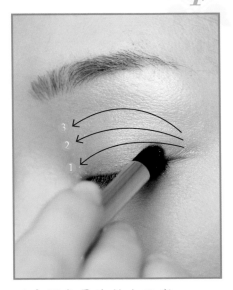

用中间色晕染整个眼窝

用小号眼影刷蘸取中间色，从眼尾外侧向着眼头的方向晕染，到眼珠上方的骨头边缘为止。

中间色

5

对着镜子涂抹阴影色

用小号眼影刷蘸取阴影色，沿着眼皮边缘从眼尾到眼头涂抹阴影色。

6

通过睁眼来确认能否看到阴影色

如图所示，阴影色涂得稍微粗一点。大前提是在眼睛张开时也能看到。因此在涂完阴影色后睁开眼睛，确认一下是否还能看到阴影色吧。

阴影色

7

眼线稍微超出眼尾一些

用眼线填满上睫毛的缝隙。眼线按眼尾到眼
中，再按眼头到眼中的顺序来画。眼尾部分
眼线的要点是要比眼尾朝外拉长 1mm 左右。

将镜子斜置在下方俯
视着看可以更好地描
画漂亮眼线。

8

点描后用棉签晕开

一口气画眼线的话，容易使眼线画歪。因此
可以像填补睫毛间缝隙般地一点一点移动眼
线笔，这样基本不会失败。之后再用棉签晕开，
就能画出好看的眼线。

下眼线也一样操作

像填补睫毛间缝隙般地从眼尾画向眼珠内侧，为了自然过渡，用棉签将眼线晕染到眼头。眼尾部位的眼线，要从眼尾边缘延伸到外侧的黏膜终点处开始画，最后用棉签涂匀。

"加深根部" 变身大眼

用睫毛夹夹住上睫毛，用力使其定型。将睫毛膏头部在瓶口刮一下去除多余的睫毛液后，从睫毛根部开始，呈锯齿状左右移动涂抹睫毛膏。

11

不要忘记下睫毛

将睫毛膏竖起，像把下睫毛一根根梳理开一般涂抹。溢出等失手的地方不要马上去擦，等睫毛膏干了之后用棉签就可以清理干净。

眼尾方向较深眼头方向较浅的横向层次，和上眼皮边缘较深眼窝上方较浅的纵向层次，这两种方向的层次造成了眼睛朝着纵横两个方向变大，打造出令人印象深刻的魅惑双眸。

只画一边，差距那么大！

眉妆

短眉和清晰的眉下
线条打造开心笑脸

眉毛的形状明明没有发生变化，但总觉得眉尾比之前看上去低垂一些。这样的"八字眉"看上去使人显得很孤单，是需要尽力改善的部位。

那么为什么眉尾会下垂呢？这是因为脸部肌肉中最早开始老化的就是太阳穴的肌肉，肌肉老化造成太阳穴凹陷。因此，如果和之前画一样长度的眉毛的话，眉毛会随着肌肉饱满度的下降而下垂。

眉毛下垂，只要把它往上挑就行了。想要使眉毛上扬，就把眉尾画得比现在的长度短一些吧。但是光缩短眉尾的话又会变成眉峰和眉尾之间距离很短的"怒眉"。

为了不产生这样的效果，我们将眉峰也稍微挑高一些吧。将眉毛使劲往上耸时隆起的肌肉上方的线条，就是眉峰的上限。眉峰只要不超过这一领域，就不会显得不自然。

此外，眉毛上方的肌肉隆起也是 33 岁以后经常能看到的变化。通过清晰地描绘眉下线条，可以使肌肉的隆起变得不引人注目，打造充满女人味的温柔表情。另外，眼睛和眉毛之间的距离变窄也会使眼睛变大。

眉尾和嘴角、外眼角在同一条延长线上，这才是漂亮眉毛的新规则

眉尾的判断方法

将眉刷或者眉笔之类的东西放在嘴角和外眼角上，眉尾就在这条延长线上。22岁的时候，眉尾在鼻翼和外眼角的延长线上。但33岁以后，要和嘴角对应才能画出漂亮的眉形事先用眉笔点一下，就能轻松掌握正确位置。

修眉剪

眉部专用的剪刀头部很细，可以用来一根一根地修剪眉毛，备一把会很方便。有了眉剪，就不一定需要拔眉毛了。

眉粉

不用特意去增购眉粉，用眼影就可以代替。和头发颜色接近的浅色系就可以画出自然的眉毛。

眉梳 & 眉刷

眉刷是用来调整眉毛的方向、带走残留在眉毛间的粉底时不可或缺的工具。修剪眉毛时有一把眉梳会方便很多。

眉粉刷

眉头颜色过深会使眉毛显得不自然。要画出柔和自然的眉头，就用眉粉刷将眉粉扫到眉头吧。将眉粉晕染到眉毛上时眉粉刷也能起到很大的作用。

眉笔

清晰的眉尾可以体现出高雅的气质，为此必须要有一支眉笔。选择笔芯不要太软，要硬度适中的眉笔。

实 践
Practice

成熟女性的眉妆**由**较短的
眉尾决定

1

2

**用眉梳整理眉毛，剪掉过长
的部分**

首先用眉梳背面的眉刷沿着眉毛的生长方向
梳理眉毛。接着将眉梳从眉毛上方往下压，
将过长的眉毛剪掉。请务必从眉尾朝着眉头
方向剪，因为这样既能剪得干净，又方便操作。

**定好眉尾的位置后，再刷上
眉粉**

根据第50页的方法决定好眉尾的位置后，从
眉峰到眉尾以及从眉峰到靠近眉头1cm的区
域刷上眉粉。注意不要将整个眉头部位都上
色，这样会导致眉毛看上去不自然。

要创造出朝气蓬勃的形象，就靠短眉了。再画出清晰的眉峰和眉下线条，就能轻松打造出立体紧致的小脸。

3

用眉笔填补眉毛少的部分

4

以眉头为重点用眉刷晕开

如果眉头和眉下线条模糊的话，会给人造成不讲究的印象……用眉笔画出清晰的线条，便可以打造出紧致的美人脸。眉毛较少的部分也可以用眉笔来填补完整。

将眉刷垂直放置在眉毛上仔细梳理，缺少这一将眉粉和眉笔融入眉毛的步骤的话，最终的妆效会差很多。为了画出自然而美丽的眉毛，请一定要进行这一步哦。

眉妆
完成！

腮 红

朝着太阳穴方向的**上升线条**使脸部线条显得紧致

大家是怎么看待腮红的？是使脸部变可爱的东西？还是给脸部增添血色,使表情看起来栩栩如生的东西?

腮红对于 33 岁以后的女性来说承担着更加重要的作用,即提拉脸部线条,使脸看上去变小。

我来说明一下腮红是如何起到小脸作用的。如果我们把涂上了粉底的干净的脸称作"阳",那么腮红就是"阴"。人的眼睛会被阴影色所吸引,例如用黑色墨水在白纸上画一个箭头,你一定会下意识地朝着箭头的方向移动视线。

发挥这个箭头作用的就是腮红。从脸部正面朝着耳朵方向打腮红,哪怕腮红的粗细不变,看上去也是朝着脸的侧面方向渐渐变细的三角形。

只要将这个三角形稍微往上提拉一点,看的人的视线就会随之往上移动,结果脸颊的下垂就变得不明显了。与此同时,紧紧提升的脸部线条带来的小脸效果非常突出。

腮红对于 33 岁以后的女性来说是抗老化的最强武器。

实验
Experiment

33岁开始腮红颜色的挑选秘诀，用珊瑚粉来打造成熟的可爱

✔ 和肌肤相融的粉色或者橙色

能够和肌肤相吻合，使肌肤自然明亮的同时达到小脸效果的颜色。这些颜色中效果最佳的是鲑鱼粉、珊瑚粉和接近米色的橙色系。

✘ 鲜艳的色彩会加重暗沉

看上去鲜亮不浑浊，仿佛能提亮肤色的颜色。这些颜色看上去虽然很漂亮，但在33岁以后的肌肤上使用的话，腮红颜色会浮粉，导致肌肤看上去更加暗沉。

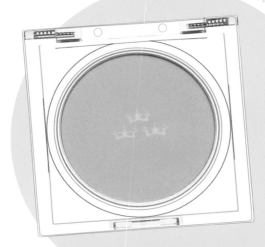

腮红

鲑鱼粉是既可爱又优雅的万能色。如果这样还浮粉，就试着选用橙色系的腮红吧。

腮红刷

化妆刷里面最重要的就是腮红刷了。根据材质的不同，显色效果有天壤之别，所以腮红刷一定要选质量上乘的哦。

朝着外耳孔方向扫出"こ"形腮红
尽显优雅

1

2

将刷子放置在微笑时脸颊的最高处

将刷子蘸满腮红，然后在纸巾上抖掉多余的粉。对着镜子微笑，确认微笑时脸颊的最高处，这里就是腮红的起点，将刷子平放在脸上。

朝着外耳孔方向画出"こ"形

朝着外耳孔方向挥动刷子，画出"こ"形的上面那根线条，沿着脸颊的弧度画出线条。因为希望脸颊上部的颜色最深，所以一定要先画这个方向的。接着再在上面这根线条稍微下面一点的地方朝着外耳孔方向画"こ"形下面的线条。

简单的两笔完成"こ"形腮红，打造出女性的理想脸颊。
正是忙碌的成熟女性无论如何都想要尝试一下的美妆技巧。

3

腮红
完成！

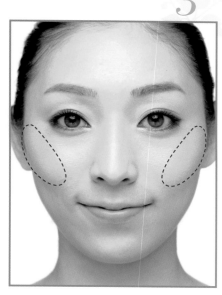

腮红的位置

从脸颊到太阳穴方向刷上宽度相同的腮红，
看上去也会朝着脸部侧面方向越变越窄，从
而提升脸部线条。

脸部线条被紧紧拉起

比起无意识地上腮红，脸部线条得到了明显
的提拉。第 18 页的流线型腮红的打法更是有
意识地将脸部侧面的腮红变细，从而使提拉
效果更加明显。

高光

在意的脸部阴影，

用**高光**来提亮

22 岁和 33 岁肌肤最大的差别应该就是弹性了吧。那么,有弹性的肌肤是怎么样的呢? 那是表面上没有阴影的肌肤。即使肌肤开始松弛,只要将松弛产生的阴影去掉,就能恢复肌肤的弹力感。

能够将肌肤的阴影去掉的东西就是高光。首先,请尽量在自然光下对着镜子找到自己脸上的阴影部位,再将它们填入第 9 页的插图中。

生活方式和表情习惯的不同使骨骼和肌肉产生不同的变化,因此每个人的阴影部位都不一样,有眼睛下方、嘴角、颧骨下方、太阳穴等,这些部位就是你需要打高光的地方。

说到高光,大家容易联想到珠光白。然而,这种颜色却不适合 33 岁以后的肌肤。因为这会浮在肌肤上,导致肤色发灰。推荐金色或者黄色系等能够散发出优雅光泽的高光。

通过给阴影部位打上高光,阴影消失,从而使因松弛而凹陷的部位变得不明显。再叠加上腮红的话,可以打造出立体感十足的脸蛋。请一定要试试打高光这一美妆技巧。

高光＝白色只能用到30岁。33~55岁的女性要通过与肌肤相融合的黄色系高光来恢复肌肤弹力

化妆也有流行趋势。很早以前曾流行过加入珍珠白颜色的白色高光，在眉毛下方打上很浓的高光不知为何成了一种趋势。但是33岁以后还这么上的话，会使眼睑和太阳穴的凹陷加深，看上去一副苦命相。

本书推荐的是带金色或者黄色系光泽的高光。经常有人把光泽和金银色亮片混为一谈，散发着刺眼光芒的金银色亮片看上去很庸俗，请一定避免使用。和肌肤融合时散发出水润般光泽的高光，才会使肌肤变美丽。

此外，同一个黄色系里也有各种各样的色调，请选择和本人肌肤最相称的那一种吧。

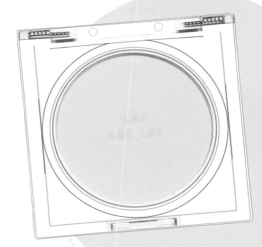

黄色系高光

任何肤色都可以使用的黄色系高光。一定要注意不要为了显得更亮而选择金银色亮片的高光，因为这样反而会凸显阴影，变得庸俗。

刷子

高光用稍大一点的刷子轻轻地扫。刷的时候稍微溢出阴影部分一点，使其与周围肌肤相融合，阴影自然消失。

基础高光**画法**

1

2

打亮眼尾

用刷子蘸取高光，像上下包住眼尾似的轻扫一下，扫出小 C 形。对着镜子检查一下，如果阴影还没有消失就再扫一层高光（担心太阳穴部位阴影的人请参考第 22 页大 C 形高光的画法）。

打亮眼睛下方

用刷子再次蘸取高光，这次将刷子放置在眼头下方，然后从眼头开始，刷到眼尾下方骨头的边缘，打亮眼睛下方整个部位。

仔细照镜子，判断出阴影所在部位，不遗余力地消灭所有阴影！
做好这两件事情，就能让你的脸年轻5岁。

3

打亮嘴角

很多人由于脸颊松弛形成了嘴角的阴影，但
这里总是被忽略。不要忘记给这个部位也打
上高光，因为嘴角变明亮的话，整个表情也
会跟着明朗起来，很不可思议吧。

4

打亮法令纹

在法令纹上大胆地打上粗一些的高光吧。因
为这个部位的褶子比别的地方要深，阴影很
明显，所以如果高光打太细的话，反而会凸
显出阴影部位。

高光
完成！

唇妆

将唇部**画圆润**，

打造成熟的**性感**

水润丰满的嘴唇,是体现女性美和性感的重要部位,这也正是成熟女性才拥有的魅力啊!

如果你感到最近嘴唇好像不饱满,那请一定要有意识地给予唇部圆润感。

但是不是将整个唇部画圆润就行了呢？答案并不是这样的。需要变圆润的仅仅是位于下嘴唇中间部位的船底线。只要将这里画圆画饱满,嘴唇就会变得丰满和有女人味。请注意不要把整个唇部画得太满导致过于幼稚。

使用的颜色自己喜欢就可以。我经常会被问："不用深色唇膏的话,脸部会不会给人留下模糊的印象啊？"这是大错特错的,因为深色唇膏有时反而会显得俗气。在底妆部分我们已经把肌肤的暗沉和阴影都去掉了,所以唇部不管涂什么颜色都可以。请大胆尝试一下各种颜色的唇膏吧。

这种方法对嘴唇薄的人也很有用。从今天开始试着将船底线部位画得圆润一些吧,一直没有自信的你,会成为魅力女神哦。

令人情不自禁地想要触摸！打造水润丰满的唇部必不可缺的是位于下嘴唇的船底线

船底线部位圆润了，
薄唇就变得水润丰满

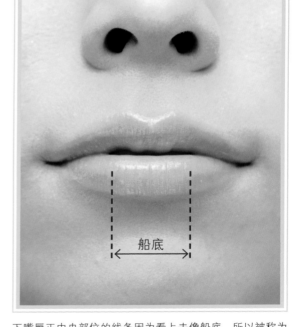

船底

下嘴唇正中央部位的线条因为看上去像船底，所以被称为船底线，这里是体现女人味的重要部位。用唇膏或者唇彩将该部位画圆润的话，嘴唇会变得圆润丰满起来。

唇彩、唇膏

粉色并不是年轻女孩的专利，珊瑚粉和橙米色等是可以提亮肤色、提升透明感的颜色。使用唇彩或者唇膏都可以。想打造光泽感就选唇彩，要显色就选择唇膏。

不建议这样做

因为肌肤开始变得暗沉，所以唇膏也要选深色……其实这是错误的想法，因为底妆已经打造出了没有暗沉、充满弹力的肌肤，所以选择明亮色的唇膏没有任何问题。

基础唇妆**画法**

1

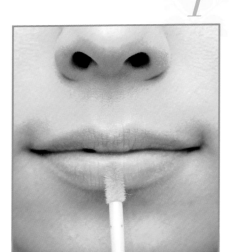

在嘴唇中央涂上唇彩

将唇彩（或者唇膏）放置在下嘴唇中央，在船底线范围内涂抹开来。从中间开始涂是因为想要将唇彩涂满这个部位，这样光线会集中在中央，立体感油然而生，水润丰满立现。

2

往左右涂抹唇彩

将唇刷头上残留的唇彩向左右嘴角涂抹开来。向着嘴角方向光泽变淡，所以通过此步骤可以使嘴角看起来紧紧上扬并提升圆润感。上嘴唇也采用同样的方式涂抹。

松弛成扁平状的嘴唇，从此变得水润丰满！这也归功于变圆润的船底线。

溢出的部分用棉签擦掉

用纸巾压一下，打造优雅的光泽感

嘴唇轮廓画歪、嘴角有唇彩溢出等都会造成失态，所以请一定要仔细照镜子检查。溢出的部分用棉签沿着嘴唇边缘一擦就能干净地去除。

两只手拿住纸巾轻碰一下嘴部，通过这一小小的动作，多余的油分被吸走，嘴唇变得优雅。抿住上下唇发出"嗯、叭"声音的做法会使唇色变深，还是不做为好。

唇妆
完成！

将必需品集中收纳是快速完成美妆的秘诀

其实我是个很怕麻烦的人。使用深色粉底和高光来消除阴影，就是我在思考该如何简单快速地化个漂亮妆容时想出来的。

我在化妆品收纳上动的脑筋也颇有我怕麻烦的风格。例如，对于眼影和腮红等有色号的东西，为了马上能找到当天想要使用的颜色，我会把它们全部从原包装中取出来放入特制的盘子里，这样是不是节省了一一打开盒子确认颜色的时间了呢？

各种笔和刷子我也全部插在笔筒里，一开始就把要用到的粉底和遮瑕产品倒在手掌里，时间进一步被缩短，15分钟就可以完成全套妆容。

长年爱用的化妆品调色盘

将各色眼影和腮红的替换装放入商店里买的 CD 盒里，就成了我特制的化妆品调色盘。替换装用双面胶固定在盒子上。

第4章

烦恼问题解答

解决 33 岁开始出现的各种烦恼，变得更加美丽动人！

"想对肌肤暗沉做点儿什么！"

"常用的眼影怎么突然变得不适合自己了！？"

过了 30 岁的女性容易出现的肌肤问题到化妆建议，本书一一为

您解答！

腮红的颜色该怎样干净地显现出来?

原因可能在你使用的腮红刷上。

明明已经使用刷子来上腮红,颜色却无法干净地显现出来,反而斑斑驳驳的……这可能是腮红刷的问题。

也就是说,人造毛的刷子或者刷毛头部被修剪过的劣质刷子,是会被肌肤上松弛的部位或者打开的毛孔一一卡住的,这样一来就造成了只有卡住的部分颜色比较深等上色不均的问题。

为了避免出现这样的问题,对 33 岁以后的肌肤,我推荐使用可以避开肌肤的凹凸不平,柔软且刷头未经修剪的动物毛制成的刷子。

动物毛也有多种类型,品质比较高的是灰松鼠毛混合山羊毛制成的刷子,单纯马毛或者山羊毛的刷毛偏硬会对肌肤造成刺激,还是不用为好。但是有一种叫做粗光峰的羊毛制作的刷子却非常柔软,完成的妆效也很好。这些价格虽有些贵,但一旦入手了就可以使用很久哦。

33 岁以后想要使用可以展现美丽层次的优质刷子,这种刷子是用柔软的动物毛制成的。要避免使用刷毛头部散乱、刷毛过硬导致无法干净上色的刷子。

肌肤失去弹性导致眼尾的眼线很难画，该怎么办？

将眼尾稍稍拉起，来回移动眼线笔来上色吧！

突然有一天眼线笔就无法在肌肤上平滑地移动了……

很多人看到这个问题是不是都在小声地自言自语道："我也是！我也是！"

这也是肌肤松弛带来的问题之一。碰到这种情况，用第45页的姿势画眼线时将头抬高，视线往下移，就能轻易拉出线条。镜子平放在桌面上的时候，试着将眉尾下方的皮肤稍微往上拉一拉再画吧。

拉一下眉尾可以画出漂亮的眼线，但要注意不要用力过度，否则容易产生皱纹。

连饰底乳也遮盖不掉的暗沉该怎么办?

那就大胆地在嘴角、法令纹、眼睑和眼睛下方出现阴影的地方涂上遮瑕膏吧。

照着第 32 页开始介绍的"底妆"进行操作后,如果肌肤还是暗沉的话,说明阴影还没有消失。试着用遮瑕膏来修饰难以完全遮盖的深色阴影部分吧。上好饰底乳后,如图所示,大胆地涂抹遮瑕膏(超出阴影范围一些),然后用中指或者无名指轻轻地拍打抹匀。因为在阴影周围也大胆地涂上了遮瑕膏,所以遮瑕膏和周围的肌肤也融合在一起,使阴影自然消失。但要注意不要晕得太过了,很多消除不了阴影的人就是因为晕得太开导致失败。遮瑕膏没有融入肌肤而是浮在肌肤表面时,这种程度刚好。

这是我爱用的遮瑕产品,要消除深色阴影,用左下角的明黄色遮瑕膏效果较好。补妆的时候,先用海绵将残妆清理掉之后涂上遮瑕膏,再压上一层粉,脸部马上就会变明亮哦。

年轻人的妆容好可爱，我们可以活学活用吗？

通过内眼角的高光可以打造水润的眼睛，这是我们可以使用的技巧。但要注意不要打太多珠光，否则会凸显皱纹！

照片上看到的年轻艺人的眼睛是不是闪闪发光的？那是因为使用了反光板，将光线都集中到了瞳孔上。能够产生反光板功效的就是打在内眼角上的高光了。用珠光白的眼线笔从下眼睑的内眼角位置开始画到眼珠正下方附近的位置，再用棉签晕染开。珠光太强或者加入了大片金银色亮片的高光都会使肌肤看上去皱巴巴的，33 岁以后的女性还是不要使用为好。

除了珠光白，本书也推荐带点儿银色的高光，这会使瞳孔看上去水汪汪的，眼白也被映衬得更加洁白，出干净利落的女性形象。

开始担心起额头上的皱纹！该怎么做才能不增加呢？

检查表情习惯，对其加以纠正吧！

即使是同龄女性，也存在着额头上布满皱纹和整个额头光滑平整的巨大差别。产生皱纹的要因有很多，包括咀嚼方式和姿势等因素，表情习惯也是其中之一。

比如说，在轻轨里用手机发短信时，或者工作中使用电脑时，你是不是始终皱着眉头呢？你是不是由于使劲睁大眼睛而导致额头上出现皱纹呢？有人觉得："又不是整天就这一个表情。"这样的想法毫无道理可言。做一个表情可能就是一瞬间的事情，但是持续几年做下来的话就会刻下皱纹这一印记。别忘了积土也能成山啊！

常见的表情习惯如下页所示。不了解自己表情习惯的人，请先注意不要做出类似的表情吧。

警惕这些表情习惯

造成嘴角的皱纹

流行的 W 形嘴也是造成嘴巴周围纵向皱纹的原因之一。连接上下颚的关节部位要用力，因此导致腮帮子变宽。

造成眉间的皱纹

用手机发短信或者看电脑屏幕时经常会出现的就是这个表情。眉毛上方的肌肉也会随之隆起，是造成眉峰不对称的原因。

造成眉毛上方的皱纹

用手机从上往下自拍时，为了使眼睛显大显可爱，大家是否都做出过这样的表情？这样是会使眉毛上方的肌肉凹陷，长出深深的哦！

造成额头上的皱纹

为了使眼睛显大，和人讲话或者拍照片时将眼睛睁得大大的，这样额头上的皱纹就……还要注意纠正和朋友们聊天时的表情习惯。

粉底不服帖，该怎么办？

从脸部线条处开始涂抹吧！

平时一直使用的粉底不知为何出现了浮粉现象……造成这种现象可能是睡眠不足或者疲劳引起的肌肤粗糙和干燥。照理应该不化妆让肌肤休息一下，但碰到不得不化妆时还是试着改变一下上妆手法吧。通常按照第 36 页的手法，从脸颊朝着脸部中央涂抹，但这种情况下应该将粉底点在外侧的脸部线条上，再朝着脸部中央涂抹。毛孔最容易张开、最能显出肌肤干燥的脸颊部位的粉是最薄的，因此即使在肌肤状态不好的情况下也能上好粉底。

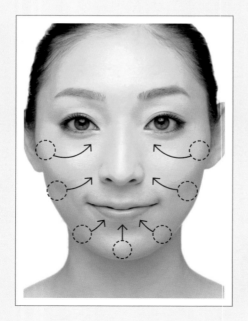

将粉底涂得厚一些来遮盖粗糙肌肤的做法只能起到相反的作用。要比平时用的粉底少一些，薄薄地打上一层能完成漂亮的妆效。

不管用什么护肤品都感觉不到效果，怎么会这样？

试试"周末肌断食"怎么样？

即使使用了高价的护肤品也完全感觉不到效果。这是因为肌肤已经适应了护肤品并对其产生了依赖。这样下去的话，可能要一直盲目等到有效果的护肤品出现为止。

在出现这种情况之前，希望大家务必尝试一下"周末肌断食"的方法。通过护肤品来护肤当然是很重要的，但是人类的肌肤本来就拥有一大功能，即肌肤缺水的时候，大脑会感觉到肌肤紧绷继而发出分泌皮脂的指令。肌断食就是用来唤醒由于过分依赖护肤品而处于休眠状态的大脑的办法。

平时去上班或者约会时正常护肤然后化妆都可以。但到了周末没有应酬的时候，卸完妆洗好脸之后就不再使用任何护肤品，第二天早上起来用清洁力较弱的香皂洗脸，之后一整天不要使用任何护肤品。

实际上我一直在进行肌断食，而且亲身体会到它带来的效果。大家一开始都会抱着怀疑的态度，然而只要开始尝试"周丰肌断食"，肌肤的状态就会突飞猛进哦。请大家务必试一下这个方法。

想化出华丽的妆容，含金银色亮片的眼影已经不流行了？

比起金银色亮片，优雅的珠光色眼影更适合 33 岁以后的华丽妆容。

想要化一个出席婚宴时适用的妆容！大多数人会觉得这种时候的妆容应该是闪闪发光的华丽妆容，而要闪闪发光就得靠金银色亮片吧……

含有大片金银色亮片的眼影看上去的确华丽和美艳，但实际上眼的话并不会闪耀，而是会显得油光发亮，钻进毛孔的话还会使肌肤显得脏脏的。也就是说，对于 33 岁以后毛孔粗大的肌肤来说，这绝对是要避开的产品。

想要化出高雅的华丽妆容，要学会使用比亮片更加细致的珠光眼影。在肌肤上抹开时能看到亮片颗粒的产品并不适合，能够带来微风吹过水面时产生的水润光泽的产品才是首选。上眼影前请不要忘记先用饰底乳调整肤色，用高光消除阴影。

这种带珠光的眼影和肌肤高度融合，能够提升眼妆的光泽感、水润感和艳丽感，打造出和礼服相映衬的高雅妆容！

为什么双眉的高度总是不一致?

通过给眉丘添加下划线来调整平衡。

人脸并不是左右对称的,因此眉毛的高度和形状不一致是大家经常有的困扰。

这种时候仅仅协调一下左右眉头的位置就能对称许多,这是因为大家打照面的时候,目光总是落在脸部中央的位置,所以只要眉头位置对称就会产生整张脸是对称的错觉。

用眉笔对高出来的那一边眉毛的眉丘添加下划线来使那一个区域变暗,眉毛的上扬就变得不那么明显了。如果再添上眉毛下边框线的话,就会使视觉产生眉毛位置往下移动了的错觉。

修眉毛的失败是很难修正的,但这种利用视觉错觉的方法可以不用修眉毛,所以请大家放心地去尝试吧。

左边的眉峰看上去高出很多,这是由于眉毛上方隆起的肌肉造成的,同时导致眉眼间距变大,看上去没有精神。

将偏上的左边的眉头往下拉,在眉毛上方隆起处,也就是肌肉的下方画上线条,再仔细地描绘眉下线条,之后就成了这张照片里的样子,眼睛也变得又大又水灵。

开始搞不懂自己适合哪种颜色的眼影了，怎么办?

浅蓝色和绿色很难把握,熟练使用粉色可以提升女人味。

不知道为什么至今为止一直使用的眼影变得不适用了,有这样经历的人一定为数不少吧。会出现这种情况是由于 33 岁以后肌肤开始变暗沉的缘故。但是并不需要因为颜色不合适而更换其他的颜色,需要改变的是底妆。只要用饰底乳和高光去掉暗沉就可以放心使用任何喜欢的颜色。

但还是有东方人难以驾驭的颜色,那就是浅蓝色和绿色,除了这两种颜色,其他都可以用。请参考以下的内容,享受挑战各种颜色的乐趣吧!

提升女人味

33 岁以后的女性一定要尝试的就是鲑鱼粉和珊瑚粉色了。再没有比这两种颜色更能提升女人味和可爱度了,而且适合所有人使用,请一定要试试。

意外地难把握

一眼看上去很漂亮, 但对东方人来说却是灾难色。因为不管涂抹得多么干净, 都会像被殴打过的拳击手一样。

营造水润的光泽感

冷色系里, 只要不是接近原色的鲜亮颜色,选用沉稳的颜色就可以。在晕染眼影时可以带出眼睛的深邃感, 营造水润光泽, 提升女人味。

安全

大地色系眼影可以搭配任何服装, 是安全色。是不是很多人都这么认为? 的确, 大地色系眼影适合所有人。但我们好不容易把肌肤变美了, 试着挑战一下其他的颜色怎么样?

第 5 章

33 岁开始重新审视
肌肤保养习惯

开始出现皱纹、暗沉等各种变化的现在，

正是重新审视日常肌肤保养习惯的时刻！

只要花费一点点工夫，肌肤就能产生巨大的改变。

为了迎接美丽的 44 岁、55 岁，一定要开始行动了哦。

延缓肌肤衰老的保养习惯

33 ~55岁是肌肤发生各种变化和问题的阶段。注意到自己肌肤变化的那一刻，无论是好好地面对问题并给予调理，还是装作没看见，不同的选择将在未来产生不同的脸部肌肤。33岁对女性来说是一个非常重要的转变期。

希望大家在这个转变期里一定要重新审视肌肤保养习惯。之前我们提到过，瞬间的表情习惯经过多次重复就会变成皱纹，毫无疑问肌肤护理也是如此。1年365天，每天早晚各1次，这样日积月累对肌肤造成的影响是显而易见的。通过肌肤护理提升肤质，前面介绍的美妆技巧就更能发挥效用。使用了高端护肤品也感觉不到效果的人，也可以完全感受到肤质改善后所带来的效果。

此外，希望大家无论如何都要在护肤的过程中加上按摩。放任因为表情习惯而疲惫不堪的肌肉不管的话，不仅会产生皱纹，肌肉自身的衰老也会造成肌肤的松弛。

本书为大家介绍的按摩很简单，每次只需要几分钟，但是每一个动作都会对骨骼和肌肉产生作用，达到消除法令纹和松弛的功效哦。

卸妆和洁面

洁面皂

推荐对肌肤温和的固体洁面皂

洁面产品有霜状、泡沫状等各种类型。洁面皂的成分大多不会给肌肤造成负担，比较推荐大家使用。

卸妆乳或者卸妆霜

对33岁以后的细纹肌和干燥肌来说，乳液或者乳霜质地的卸妆用品比较好

卸妆产品应该根据肤质不同而选择使用。对于细纹多的人或者肌肤干燥的人来说，乳液或者乳霜质地的卸妆产品能够在温和卸妆的同时保留肌肤水分。

意外好用的东西！！

拂去的只是水分，有用的东西全部保留。快用厨房纸巾代替毛巾吧！

肌肤敏感的时候，试着用厚实的厨房纸巾代替毛巾来擦脸吧。因为纸巾只会吸收水分而不带走皮肤的油脂，所以不会令肌肤感到紧绷。

卸妆油

肌肤角质层比较厚、油性肌肤的人用来卸妆比较好

对早上化的妆到了中午鼻翼就开始泛油光的油性肌肤以及肌肤角质层比较厚的人来说，请使用卸妆油。痘痘肌由于很多都是干燥引起的，所以还是建议使用卸妆乳或者卸妆霜。

卸妆湿巾

眼部的浓妆可以用卸妆湿巾来擦。卸妆液的成分会残留在肌肤表面，所以用完湿巾后请一定再走一遍正常的卸妆和洁面程序。

化妆水＋乳液／精华液

你是喜欢清爽的感觉，还是喜欢黏稠的感觉？对于化妆水之后使用的产品，只要是你喜欢的使用感、香味和触感就可以。因为比起"用什么用"，"怎么用"更加重要。

和脉搏同速揉搓彩妆污垢，同时将保湿成分按压到肌肤底层

用和脉搏跳动相同的速度将卸妆产品与肌肤充分融合在一起，这样可以慢慢地将卸妆产品里的美容成分按压到肌肤底层。护肤不能着急，要时时提醒自己放慢节奏。

用卸妆湿巾卸除眼妆

眼妆比较重的时候，在卸整脸之前先用卸妆湿巾将眼妆卸掉。这是因为比起眼睛专用卸妆液，使用卸妆湿巾既不会渗到眼睛里，也能够轻松卸除眼妆。

将卸妆产品点在眼睛以外的5 个地方

从油状、乳液状和乳霜状中选出适合自己肌肤的卸妆产品，将其点在额头、两颊、鼻子和下巴这 5 个地方。放在这 5 个地方可以保证卸妆产品能够涂到脸部的任何一个角落。

和脉搏同速打圈揉开卸妆
产品

用和脉搏跳动相同的速度，使用中指和无名
指将卸妆产品在肌肤上融开，这样可以在不
造成肌肤负担的前提下使皮肤温度上升，彩
妆污垢随之从毛孔里溶化出来，再加以揉搓
将其卸掉。这样做还能防止肌肤干燥。

要仔细清理眉毛、鼻子下方等
容易残留彩妆的地方

眉毛里面、眉间、嘴角和鼻子下方都是彩妆
污垢容易被忘记的地方，长此以往会导致黑
头和皱纹的产生，所以一定要仔细清理这些
地方的彩妆。最后擦去或者用水洗掉卸妆
产品。

5

洁面所需的泡沫，其实只需
这么点

都说"洗脸时泡沫要像奶油一样又多又大"，
其实只要图上这点泡沫就足够了。将泡沫覆
盖在肌肤表面，重点在于动作要轻柔，必须
似有若无一般地温柔抚触。

6

用水啪啪啪地冲洗干净

洗脸过程中最重要的就是冲洗这一步了。泡
沫虽然遇水就消失了，但是肥皂中使肌肤变
粗糙的成分还残留在脸部肌肤上，所以一定
要洗到用手感觉不到滑溜为止。

7

用厨房纸巾来擦干水分

厚实松软的厨房纸巾只吸取水分而保留肌肤
所需的油脂，是非常好用的东西。用纸巾吸
收大部分水分后，用手掌将残余的水分用力
按压进肌肤吧。

1

用化妆水软化肌肤后再充分
拍打使其吸收

给全脸涂抹完化妆水之后再快速轻拍，使脸
部肌肤吸满水分。遇到比较黏稠的化妆水时
先用一元硬币大小的量涂抹全脸，再取相同
的量拍入肌肤。

小指和无名指将化妆
端固定住使用。

2

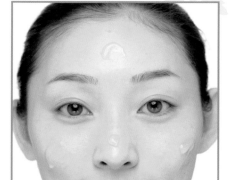

精华液 / 乳液，用 5 点法

从抗老化、美白、保湿等功能中选择和自己
肌肤问题相对应的精华液或乳液吧。将其点
在额头、两颊、鼻子和下巴 5 个地方后涂抹
开来。在皮肤较薄且容易干燥的眼周和嘴角
肌肤上可以多涂抹一遍。

33 岁开始做的特殊护理

每周一次特殊护理，肌肤润泽度提升

高端护肤品效果比较好？并不是这样的。根据涂抹方式的不同，即使普通的护肤品也能发挥最大功效。

用保鲜膜覆盖，使精华液充分吸收

在意的鱼尾纹和眼睛下方的小细纹上可以涂抹两次精华液。之后将保鲜膜固定在眼头后，迅速往太阳穴方向拉伸，同时使其紧贴肌肤，这样还能起到紧肤的作用。

将热手巾覆盖在眼睛上，使精华液成分逐渐渗透至肌肤底层

将热毛巾放置在眼睛上，紧紧按住两头太阳穴的位置，使蒸汽无法侧漏。蒸汽的温度会使精华液的成分缓释放到肌肤底层。最近在药妆店销售的消除视疲劳的蒸汽眼罩可以用来代替热毛巾。

发音练习（魔力小脸操）

我每天进行一次2分钟的发音练习（魔力小脸操），尽管已经过了50岁，却没有出现很深的法令纹。

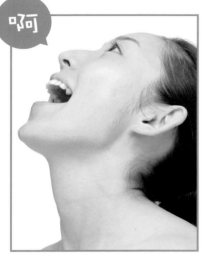

啊

咦

消除双下巴

脸稍微朝上，嘴巴往两边拉，发出"啊"的声音，此举能使脸部线条清晰，双下巴消失。以下所有的发音练习，脸部都要稍微朝上，抬起下巴进行。

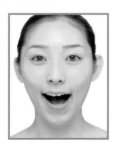

淡化法令纹

笑起来时出现的是微笑纹，但如果不笑时纹路还在的话，就请进行锻炼脸颊肌肉的"咦"的发音练习。此举可以消除脸颊松弛，使皱纹变淡不再引人注目。

呜

去除嘴巴周围的皱纹

尽量缩紧嘴巴做"呜"
的发音练习，通过锻
炼嘴巴周围的肌肉来
去除周围的放射状皱
纹。随着年龄增长开
始松弛的脸颊肌肉通
过"呜"的发音练习也能得到锻炼，从
而预防出现凹陷的面庞。

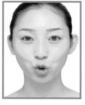

唉

消除法令纹 & 疲劳

尽量拉升嘴角做"唉"
的发音练习。此举可
以消除下巴的紧张，
预防嘴角下垂的同时
也能消除法令纹，还
能缓解嘴巴周围肌肉
的疲劳！

哦

消除眼睛下方的松弛

睁大眼睛，将嘴巴上
下张大做"哦"的发
音练习。此举可以使
眼周的肌肉得到锻炼，
所以特别推荐给在意
眼睛下方肌肤松弛的
人使用。

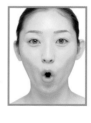

淋 巴 按 摩

即刻消除脸部浮肿和松弛

通过淋巴按摩将代谢物以及多余的水分跟着淋巴液一起排出体外，瞬间紧致脸部线条。

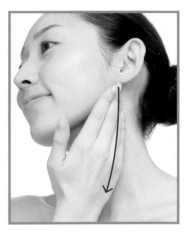

顺着脖子的淋巴进行按摩

从左耳下方到锁骨中央，用右手手掌轻柔按摩。用左手进行相反方向的按摩。每一侧各 10 次，总计 20 次为一组。充分进行按摩是重点。

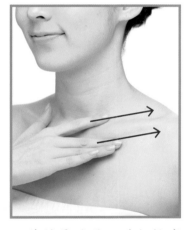

顺着锁骨的淋巴进行按摩

将右手手指插入左侧锁骨的上下方，从锁骨中央朝着肩膀方向轻柔按摩。用左手进行相反方向的按摩。同样每一侧各 10 次，总计 20 次为一组。

头 皮 护 理

脸部是头皮的延伸，头皮发硬脸部就会跟着松弛

和脸部肌肤相连的头皮如果衰老的话，不仅会造成头发稀疏和干枯，还会导致脸部线条下垂。

转动头皮

将手指架在耳朵上方的头皮上，原地画圆般地转动头皮。分别对眼角、太阳穴、头顶和头皮4个地方重复操作，每次进行3组。洗头发的时候操作，可以养成每天按摩的习惯。

朝着前额梳头

将后脑勺的头发往前额、侧脑勺的头发往头顶梳，此举可以使整个头皮得到按摩。要选用不会伤害头皮和发根的由马毛或者野猪毛制作的不扎手的梳子。

后 记

33 岁以后，女性开始进入人生中最辉煌美丽的时期。在这样的日子里，请享受彩妆和肌肤保养带来的乐趣。

在美妆沙龙为顾客做美容和化妆的过程中，我发现 33～55 岁才是女性最美丽动人的阶段。

这是由于在这个阶段，带孩子的妈妈们因为育儿过得忙碌而充实，而在职场上班的白领丽人们对工作已经熟练并对事业建立起了信心的缘故吧。我认为只有 33～55 岁的女性才会在精神层面如此充实。此外，这也是荷尔蒙比较稳定的一段时期。

如果只顾着感叹脸部线条和肌肤光泽不如 22 岁的话，也太对不起这段绝佳的人生旅程了。重要的是尽快注意到肌肤的变化，并努力改变一直以来使用的化妆和保养方法。

各位如果能从本书中得到启发，开始发现改变的乐趣和喜悦，并因此过上充实闪耀的每一天的话，我就感到很欣慰了。

横山惠子